BEI GRIN MACHT SICH IHR WISSEN BEZAHLT

AF152024

- Wir veröffentlichen Ihre Hausarbeit,
  Bachelor- und Masterarbeit

- Ihr eigenes eBook und Buch -
  weltweit in allen wichtigen Shops

- Verdienen Sie an jedem Verkauf

Jetzt bei www.GRIN.com hochladen und kostenlos publizieren

GRIN

Bibliografische Information der Deutschen Nationalbibliothek:

Die Deutsche Bibliothek verzeichnet diese Publikation in der Deutschen National-
bibliografie; detaillierte bibliografische Daten sind im Internet über http://dnb.d-
nb.de/ abrufbar.

Dieses Werk sowie alle darin enthaltenen einzelnen Beiträge und Abbildungen
sind urheberrechtlich geschützt. Jede Verwertung, die nicht ausdrücklich vom
Urheberrechtsschutz zugelassen ist, bedarf der vorherigen Zustimmung des Verla-
ges. Das gilt insbesondere für Vervielfältigungen, Bearbeitungen, Übersetzungen,
Mikroverfilmungen, Auswertungen durch Datenbanken und für die Einspeicherung
und Verarbeitung in elektronische Systeme. Alle Rechte, auch die des auszugsweisen
Nachdrucks, der fotomechanischen Wiedergabe (einschließlich Mikrokopie) sowie
der Auswertung durch Datenbanken oder ähnliche Einrichtungen, vorbehalten.

Impressum:

Copyright © 2000 GRIN Verlag, Open Publishing GmbH
Druck und Bindung: Books on Demand GmbH, Norderstedt Germany
ISBN: 9783656817215

Dieses Buch bei GRIN:

http://www.grin.com/de/e-book/153553/kryptologie-praktische-anwendung-ausge-
waehlter-verfahren-in-javascript

Michael Wiehl

Kryptologie - praktische Anwendung ausgewählter Verfahren in JavaScript

GRIN Verlag

GRIN - Your knowledge has value

Der GRIN Verlag publiziert seit 1998 wissenschaftliche Arbeiten von Studenten, Hochschullehrern und anderen Akademikern als eBook und gedrucktes Buch. Die Verlagswebsite www.grin.com ist die ideale Plattform zur Veröffentlichung von Hausarbeiten, Abschlussarbeiten, wissenschaftlichen Aufsätzen, Dissertationen und Fachbüchern.

Besuchen Sie uns im Internet:

http://www.grin.com/

http://www.facebook.com/grincom

http://www.twitter.com/grin_com

Kollegstufenjahrgang 1998/2000

Facharbeit Mathematik

Kryptologie - praktische Anwendung
ausgewählter Verfahren in JavaScript

Verfasser: Michael Wiehl

Abgabe: 1. Februar 2000

Inhaltsverzeichnis

1 Klassische und moderne Kryptologie

Die ersten Verschlüsselungsverfahren entwickelten sich im 5. Jhd. vor Christus in Griechenland aufgrund der benötigten Sicherheit in Politik und Diplomatie. Ebenso gebrauchte Ceasar auf seinen Feldzügen ein System der Geheimhaltung, welches zwar simpel aber für die Zeit fortschrittlich war. Diese Sicherheit schätzte man auch im 2. Weltkrieg, welche den Deutschen durch die Chiffriermaschine ENIGMA (griechisch für Geheimnis) gewährleistet wurde und ihnen gegenüber den Briten lange Zeit einen kryptographischen Vorsprung gab. Einzig und allein die Verschlüsselung nach Ceasar, die als Grundidee für die ENIGMA diente, gab ihnen diesen Vorteil. Selbst in modernen Verfahren der Geheimhaltung werden klassische einbezogen und kombiniert. Um nun deren Funktionsweise verstehen zu können, sollte man sich auch für das Verständnis der kryptologischen Anfänge Zeit nehmen. Aus diesem Grunde werden im folgenden die wichtigsten klassischen Verfahren in der jungen Internetprogrammiersprache JavaScript realisiert und auch der Versuch unternommen, eine vereinfachte Form einer modernen Methode zu konzipieren und umzusetzen.

2 Wissenschaft der Kryptologie

2.1 Terminologie

2.1.1 Kryptologie

Die Wissenschaft der Kryptologie (von griech. kryptos: geheim und logos: Wort, Sinn) lässt sich heute in die drei Bereiche der Kryptographie, -analyse und Steganographie untergliedern. Letzterer spielt eher eine Nebenrolle, da dessen Metier das bloße Verschleiern beziehungsweise Verstecken von Information darstellt. Dazu gehören Geheimtinten, die erst bei chemischer Behandlung erscheinen, ebenso wie digitale Wasserzeichen, die sich unsichtbar in einer Grafikdatei verbergen.[1]

2.1.2 Kryptographie und grundsätzliche Verschlüsselungsmethoden

Kryptographie (von griech. graphein: schreiben) benennt die Wissenschaft, die sich mit der Entwicklung von Kryptosystemen beschäftigt. Eine nicht abgesicherte Nachricht, der Klar-

---

[1] Microsoft Encarta Enzyklopädie 2000 plus: c't-Artikel: Kryptologische Begriffe und Verfahren

text, wird über eine Reihe von Verfahren, dem sogenannten Algorithmus, in eine abgesicherte Nachricht übergeführt, den Geheimtext.[2]+[3] Grundsätzlich ist dies über zwei verschiedene Methoden möglich, der Substitution oder der Transposition. Die Substitution ersetzt entweder jedes Klartextzeichen einzeln (monographisch) oder jeweils ganze Zeichenfolgen (polygraphisch). Eine Untergruppe der monographischen Chiffren sind die der polyalphabetischen Substitution, welche Vigenère im 16. Jhd. verwandt und damit jedes Zeichen in Abhängigkeit von seiner Position im Klartext unterschiedlich verschlüsselte. Unter polygraphische Chiffren fällt zum Beispiel die Playfair-Chiffre, die je zwei Buchstaben nach ihrer Position in einer 5x5-Felder großer Matrix auf je ein anderes Buchstabenpaar abbildet.

2.1.3 Kryptoanalyse und ihre Angriffsmöglichkeiten

Kryptoanalyse dagegen bezeichnet die Kunst, einen chiffrierten Text ohne Kenntnis des Schlüssels zu lesen. Der Vorgang heißt auch Codebreaking oder Kompromittierung. Wenn ein Algorithmus der Kryptoanalyse nicht standhält, sagt man auch, er sei gebrochen oder kompromittiert.

„Die 'Philosophie' der modernen Kryptoanalyse wird durch das Prinzip von Kerckhoff beschrieben und lautet: „Die Sicherheit eines Kryptosystems darf nicht von der Geheimhaltung des Algorithmus abhängen. Die Sicherheit gründet sich nur auf die Geheimhaltung des Schlüssels."[4] Es wurde erstmals in dem Buch 'La cryptographie militaire' (1883) des niederländischen Philologen Kerckhoffs von Nieuwenhof (...) formuliert (...)."[5] Der Kryptoanalytiker sollte deshalb immer davon ausgehen, dass der Gegner den Algorithmus kennt und auch Zugang zu Geheim- und Klartexten hat.

Daraus ergeben sich für ihn folgende Angriffsmöglichkeiten um den Schlüssel herauszufinden. Kennt der Kryptoanalytiker ein relativ langes Stück Geheimtext, so kann er mit Hilfe von Häufigkeitsanalysen in Bezug auf Buchstaben, Bi- und Trigrammen der jeweiligen Sprache versuchen, die Chiffrierung zu kompromittieren (ciphertext only attack).

Weitaus effektiver gestaltet sich die Kryptoanalyse, falls der Angreifer zusammengehörigen Klar- und Geheimtext besitzt. „Diese Hypothese ist realistischer als sie auf den ersten Blick

---

[2] Albrecht Beutelspacher; Kryptologie 3. Auflage, Friedr. Vieweg & Sohn Verlagsgesellschaft mbH Braunschweig/Wiesbaden 1992 (3. Auflage 1993) S. 10
[3] Wolfgang Kopp; Rechtsfragen der Kryptographie und der digitalen Signatur, http://www.wolfgangkopp.de/krypto.html (28.1.2000)
[4] s.o. A. Beutelspacher S. 23
[5] s.o. A. Beutelspacher S. 23

erscheint"[6], da die übertragenen Botschaften meist bestimmte Schlagworte oder standardisierte Eröffnungs- und Schlussfloskeln enthalten (known plaintext attack).

„Hat der Kryptoanalytiker Zugang zum Verschlüsselungsalgorithmus (...), so kann er, um den Schlüssel zu erschließen, auch selbstgewählte Stücke Klartext verschlüsseln und versuchen, aus dem erhaltenen Geheimtext Rückschlüsse auf die Struktur des Schlüssels zu ziehen (chosen plaintext attack)."[7]

2.2 Kryptosysteme

2.2.1 Definition und Begriffe

Ein Kryptosystem ist eindeutig definiert durch die verwendeten Algorithmen und die Kombination untereinander. Ausgangspunkt eines jeden Systems ist der Klartext (engl. plaintext) mit der Bezeichnung M (engl. messages). Diesen soll der Sender mit dem Verschlüsselungsalgorithmus E (engl. encrypt) und dem Schlüssel K (engl. key) chiffrieren. Hieraus bekommt er das Chiffrat, den Geheimtext C (engl. ciphertext). Über einen sicheren Kanal gelangt der Geheimtext zum Empfänger. Seine Aufgabe besteht darin, mit der Entschlüsselungsfunktion D (von decrypt) und dem Schlüssel K den Klartext wieder zu enthüllen. Formelhaft läßt sich der Sachverhalt folgendermaßen darstellen, wobei E und D als Funktionen oder Algorithmen mit einer Reihe von Parametern betrachtet werden können:

$$C=E(M,K)$$

Aus E mit den Parametern M und K ergibt sich der Geheimtext, auch Chiffretext oder Kryptogramm genannt.

$$M=D(C,K)$$

Symmetrisch resultiert aus der Funktion D mit den Parametern C und K der Klartext. Hierbei muss beachtet werden, dass der Klartext häufig als eine endliche Zeichenkette von Symbolen aus einer endlichen Menge Σ von Zeichen betrachtet wird. Diese Menge bezeichnet die Sprache des Systems und besteht meist aus den Buchstaben des Alphabets und dem 'Leerzeichen'. Um die Anwendung von Computerchiffren zu ermöglichen, verwendet man die Menge der Binärzeichen 1 und 0, der beiden Werte eines Bits.

Um die Zusammenhänge in einem Kryptosystem zu veranschaulichen, wählt man oft die graphische Darstellung mittels Zeichenobjekten und Linien ähnlich folgendem Beispiel:

---

[6] s.o. A. Beutelspacher S. 24
[7] s.o. A. Beutelspacher S. 24

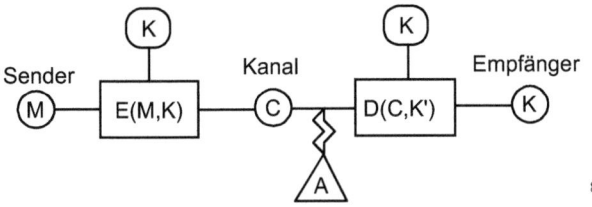

Der Klartext muss gleich dem dechiffrierten Chiffretext sein. Falls diese Bedingung nicht erfüllt ist, kann das Kryptosystem als wertlos angesehen werden. „Formal definieren wir ein Kryptosystem als Tripel (M, K, C), wobei M und C Mengen sind (...) und K ist die finite Menge von Schlüsseln mit der zusätzlichen Annahme, dass es Funktionen (oder Algorithmen) E und D gibt, so dass

$$E: M \times K \rightarrow C$$
$$D: C \times K' \rightarrow M$$

ist und daß für jedes $(M, K) \in M \times K$

$$D(E(C, K), K)) = M$$

gilt."[9]

Jedes Kryptosystem muss weiterhin dem Angriff des Kryptoanalytikers (A) standhalten, der meist Zugang zu größeren Abschnitten Geheimtext hat.

2.2.2 Relativitätstheorie nach Shannon

Kryptosysteme sind nur relativ sicher. Dies geht aus der Definition der absoluten Sicherheit (von C. Shannon 1949) hervor. Sie liegt vor, wenn ein „exakter mathematischer Beweis für die Unangreifbarkeit eines Verfahrens existiert"[10]. In der Praxis ist nur die komplexitätstheoretische oder praktische Sicherheit wichtig: „Falls die zum Brechen eines Verfahrens notwendigen Ressourcen die gesamte Materie des Universums übersteigen oder eine beliebig aufwendige Maschine dafür mehr Zeit als die verbleibende Lebensdauer unserer Sonne braucht, dann kann dieser Algorithmus getrost als sicher gelten. Die praktische Sicherheit begnügt sich

---

[8] ähnlich Dominic Welsh; Codes und Kryptographie, VCH Verlagsgesellschaft mbH Weinheim 1991 S. 139 und W. Fumy / H. P. Rieß ;Kryptographie - Entwurf, Einsatz und Analyse symmetrischer Kryptoverfahren 2. Auflage, R. Oldenburg Verlag GmbH München 1994 (Band 6, 2. Auflage) S. 16
[9] s.o. D. Welsh S. 133-134
[10] s.o. c't Artikel

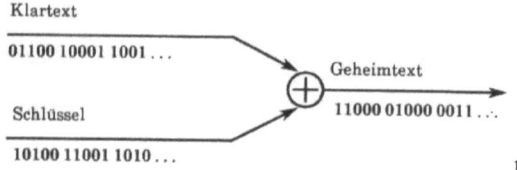

sogar mit dem Nachweis, dass - jetzt und in absehbarer Zukunft - 'verfügbare' Ressourcen nicht ausreichen."[12]

Der einzige Algorithmus, der die 'absolute Sicherheit' erfüllt, ist das One-Time-Pad oder nach seinem Erfinder Gilbert Vernam auch Vernam-Chiffre genannt. Diese verwendet eine Folge von einem zufällig gewählten 5-Bit-Schlüssel der bitweise modulo 2 zum Klartext addiert wird. Jedes Zeichenpaar wird über ein 'exklusives Oder' (XOR) verknüpft:

$$1 \oplus 0 = 0 \oplus 1 = 1; \quad 1 \oplus 1 = 0 \oplus 0 = 0 \ ^{[13]}$$

Bei einer echten Zufallsfolge ist dieses System auch absolut sicher, jedoch sind die Einsatzmöglichkeiten durch die Länge des Schlüssels eingeschränkt[14], da dieser auch vollständig übertragen werden muss.

2.2.3 Schwache Schlüssel eines Kryptosystems

„Bei einigen Algorithmen (...) existieren systembedingt bestimmte Schlüssel, die Teilfunktionen des Algorithmus wirkungslos machen und daher die kryptographische Stärke des Verfahrens mindern. Von semischwachen Schlüsseln ist die Rede, wenn verschiedene Schlüssel dasselbe Chiffrat ergeben."[15]

2.2.4 Blockchiffrierung

Verschlüsselungsalgorithmen können auf zwei verschiedene Arten arbeiten. Bei einer Blockchiffre werden Klartext bzw. Geheimtext in Blöcke der Länge n geteilt, die durch den Algorithmus mit dem immer gleichen Schlüssel chiffriert werden. Im Computereinsatz wird n häu-

---

[11] s.o. A. Beutelspacher S. 66
[12] s.o. c't Artikel
[13] s.o. A. Beutelspacher S. 64
[14] s.o. W. Fumy S.56
[15] s.o. c't Artikel

fig auf 64 Bit gesetzt und die Möglichkeit der Rückkopplung genutzt, d.h. das Chiffrat eines Blockes beeinflusst die Chiffrierung des nächsten.[16]+[17]

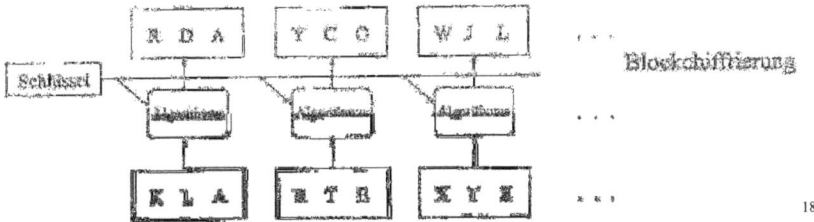

18

2.2.5 Stromchiffrierung

Stromchiffren nutzen eine kontinuierliche Verschlüsselung, bei der in Abhängigkeit von einem geheimen Schlüssel ein Byte- oder auch Bitstrom erzeugt und dieser per XOR mit dem Klartext bzw. Geheimtext verknüpft wird. Der Bitstrom heißt auch Schlüsselstrom und wird wie ein individueller Schlüssel (One-Time-Pad) verwendet.[19]

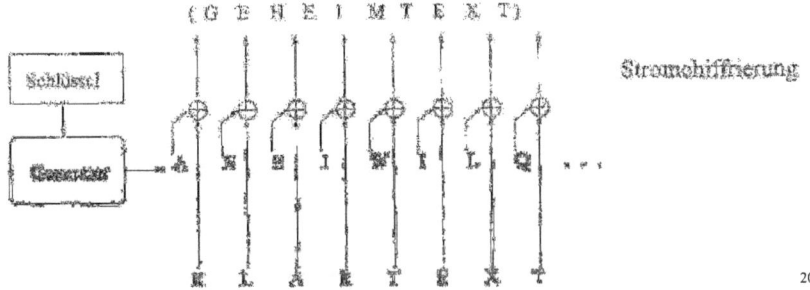

20

2.2.6 Varianten

In der Kryptographie gibt es grundsätzlich zwei Hauptarten von Kryptosystemen. Symmetrische Verfahren, auch private key-Verfahren genannt, gehen davon aus, dass zwei Partner einen gemeinsamen sowie geheimen Schlüssel vereinbart haben, mit dem es beiden möglich ist, zu ver- und entschlüsseln. Im Gegensatz dazu verwenden die wesentlich moderneren asymmetrischen Verfahren einen öffentlichen Schlüssel. Dieser ermöglicht jedem Partner, auch

---

[16] Reinhard Wobst; Abenteuer Kryptologie - Methoden, Risiken und Nutzen der Datenverschlüsselung 2. Auflage, Addison Wesley Longman Verlag GmbH 1998 S. 175
[17] s.o. c't Artikel
[18] s.o. R. Wobst S. 118
[19] s.o. R. Wobst S. 373

dem Außenstehenden, die Chiffrierung, jedoch nur dem Besitzer des privaten Schlüssels die Dechiffrierung.

3 Symmetrische Kryptosysteme

3.1 Definition

Beim symmetrischen Chiffrieren bestimmt der gemeinsame Schlüssel den Chiffrier- wie auch Dechiffrierschritt. Zu beachten ist hierbei, dass beim Ver- und Entschlüsseln der gleiche Schlüssel verwendet wird. Die Sicherheit hängt einzig und allein von der Geheimhaltung des Schlüssels ab. „In diesem Fall muss der Schlüsselaustausch zwischen den Kommunikations-teilnehmern über einen sicheren Kanal (etwa einen vertrauenswürdigen Kurier) abgewickelt werden."[21]

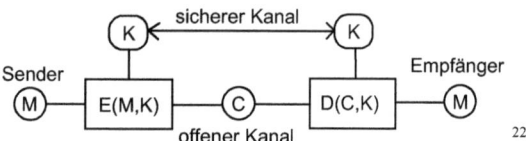

3.2 Monographische Substitution nach G. J. Caesar

3.2.1 Geschichtlicher Hintergrund

Die berühmteste aller Verschlüsselungsmethoden ist die einfache Substitution. Erdacht vom römischen Staatsmann und Feldherrn Gaius Julius Caesar im 1. Jh. vor Christus, wurde diese Chiffriermethode zu militärischen und politischen Zwecken eingesetzt. Sueton schrieb über Caesar folgendes: „Wenn jemand das entziffern und den Inhalt erkennen wollte, so musste er den vierten Buchstaben des Alphabets, also D, für A einsetzen, und so mit den andern."[23] Ein-facher ausgedrückt, ist das Geheimtextalphabet eine Permutation des Klartextalphabets.

```
Klartextalphabet:     abcdefghijklmnopqrstuvwxyz

Geheimtextalphabet:   DEFGHIJKLMNOPQRSTUVWXYZABC
```

Ein Klartext wird chiffriert, wenn man jeden einzelnen Buchstaben durch den in der Tabelle darunterstehenden ersetzt, also substituiert. Der Dechiffrierschritt erfolgt entsprechend umge-kehrt.

---

[20] s.o. R. Wobst S. 118
[21] s.o. W. Fumy S. 17
[22] ähnlich s.o. D. Welsh S. 139 und s.o. W. Fumy S. 16
[23] s.o. A. Beutelspacher S.13

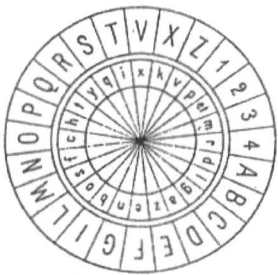

24

Da bei Caesar das Geheimtextalphabet nur eine Verschiebung des ursprünglichen Alphabets um den Faktor 3 war, nennt man dieses Verfahren auch additive- oder Verschiebechiffren. Um die einfache Substitution möglichst schnell zu realisieren bediente man sich passender Tabellen. „Bereits 1470 hat das italienische Universalgenie Leon Battista Alberti (...), der völlig zu Recht 'Vater der modernen Kryptologie' genannt wird, eine Maschine erfunden, die das Verschlüsseln mechanisiert."[25] Sie besteht aus zwei Scheiben unterschiedlicher Größe, wobei die kleinere das Klartextalphabet enthält und drehbar ist.

3.2.2 Umsetzung der additiven Chiffre

„Wie die Bezeichnung 'additive Chiffre' schon vermuten lässt, kann dieses Verschlüsselungsverfahren mit Hilfe einer arithmetischen Operation beschrieben werden. Diese Operation ist die Addition modulo der Mächtigkeit des Klartextalphabets."[26] Über die ASCII-Zeichencodes werden die n Symbole des zugrundeliegenden Alphabets mit den Zahlen 1, 2, ..., n identifiziert. In einer ASCII-Tabelle erkennt man die Ordnungszahlen der kleinen Buchstaben als Zahlen von 097=a bis 122=z[27]. JavaScript stellt die Objekteigenschaft char-CodeAt() bereit, mit welcher man den ASCII-Code eines bestimmten Buchstabens in einem String (=Zeichenkette) abrufen kann. Damit obige Zuweisung stimmt, erfolgt die Umrechnung über diese Zuweisung:

$a = text.charCodeAt(i) - 97;$ [28]

---

[24] s.o. F. L. Bauer S. 42
[25] s.o. A. Beutelspacher S.13
[26] s.o. W. Fumy S. 26
[27] Winfried Kassera / Volker Kassera; Turbo Pascal 7.0 - Das Kompendium Limitierte Sonderausgabe, Markt und Technik Buch- und Software-Verlag Haar bei München 1996 S. 659
[28] Stefan Münz; Sefhtml (HTML-Dateien selbst erstellen) Version 7.0, http://www.netzwelt.com/selfhtml/ (23.11.1999)

Die Chiffrierung eines Klartextzeichens m mit einem Schlüssel k kann damit durch folgende Operation beschrieben werden:

$$m + k = c + x \times n \text{ für } x \in IN_0^+ \text{ entspricht in JavaScript: } (m+k)\%n=c;$$

Entsprechend erfolgt der Dechiffrierschritt:

$$c - k = m + x \times n \text{ für } x \in IN_0^+ \text{ entspricht in JavaScript: } (c-k)\%n=m;$$

Eine Ausgabe mit kleinen Buchstaben als Zeichensatz ist nur möglich, wenn danach wieder die entsprechenden ASCII-Codes berechnet werden.

Da der Schlüssel eine Verschiebung um 0, dem trivialen oder semischwachen Schlüssel, bis 25 sein kann und der Dechiffrierschritt damit für das Klartextzeichen c einen Wert zwischen - 25 und 25 ausgibt, muss zu dieser Zahl noch ein Vielfaches der Alphabetlänge addiert werden, um ASCII-Werte kleiner 97 zu vermeiden. Danach erfolgt die Übersetzung in ASCII-Zeichen über die Objekteigenschaft fromCharCode() des Objektes String.

$$text2 \mathrel{+}= String.fromCharCode((c+26) \% 26 + 97); [29]$$

3.2.3 affine Chiffren

„Analog zur obigen Definition der Addition auf einem beliebigen endlichen Alphabet kann auch die Multiplikation und damit eine multiplikative Chiffre definiert werden. (...) Durch die Kombination dieser beiden arithmetischen Operationen erhält man die Klasse der sogenannten affinen Chiffren. Der Schlüssel einer affinen Chiffre ist ein Paar (s,t), mit dem wie folgt aus einem Klartextzeichen a das Chiffretextzeichen c berechnet wird (...):"[30]

$$c = a \cdot s + t$$

„Additive und multiplikative Chiffren können damit als spezielle affine Chiffren aufgefasst werden; sie werden durch Schlüssel des Typs (1,t) bzw. (s,0) charakterisiert. Die Dechiffrierung eines Chiffretextzeichens c entspricht bei einer affinen Chiffre der Operation"[31]:

$$a = \frac{c - t}{s}$$

Da jedoch der Chiffrierschritt den Dividenden durch die modulare Division um ein Vielfaches von n verringerte, ergibt die Berechnung von a keinen ganzzahligen Wert und kann damit nicht mehr exakt bestimmt werden. Nur multiplikative Schlüssel, die zu n=26 teilerfremd sind, bewirken eine eindeutige Zuordnung. Die Überprüfung des größten gemeinsamen Teilers ist somit Voraussetzung für einen korrekten Schlüssel. Die modulare Operation muss

---

[29] s.o. S. Münz
[30] s.o. W. Fumy S. 29
[31] s.o. W. Fumy S. 29

dazu rückgängig gemacht werden, in dem man solange n zum Buchstabencode addiert, bis die Division eine ganze Zahl ergibt. Eine wichtige Rolle spielt der Schlüssel (1,13), der auf UNIX-Rechnern weitverbreitet ist. Der Geheimtext kann mit Hilfe der wiederholten Chiffrierung wieder entschlüsselt werden. Das sogenannte ROT13-Verfahren schützt vor ungewolltem Mitlesen, beispielsweise in Newsgroups.[32]

3.2.4 Kryptoanalyse

Die Analyse dieses Kryptosystems gestaltet sich aufgrund der wenigen Schlüsselmöglichkeiten relativ einfach. Für s ergeben sich 12 und für t 26 korrekte Schlüssel, die miteinander kombiniert insgesamt 312 Schlüsselmöglichkeiten zulassen. Bei einer derart kleinen Zahl genügt zur Kryptoanalyse ein Durchprobieren aller Möglichkeiten, ein sogenannter brute-force-Angriff.

ᗡ⊔ ⌐ᗡᑊ⊓⩗ᗡᗡ⊑ ⌐⌐ᗡ ⊑⊡ ⩗⦉⊡ᗡ⊑
ᗡ⊓ ⩗ᗡ⟩⟩ ⊑⊡ ⩗⦉⊡ᗡ⊑   [33]

Dagegen existieren Substitutionschiffren, wie z.B. die Freimaurerchiffre von 1740 aus Frankreich[34], die als Geheimtextalphabet Symbole verwenden und die Zuordnung dem Kryptoanalytiker somit nicht bekannt ist. Der Schlüssel, das Geheimtextalphabet, muss erst aus einem bekannten Geheimtext erschlossen werden. Besitzt dieser eine bestimmte Mindestlänge und Redundanz, so kann der Schlüssel über Häufigkeitsverteilungen bestimmt werden. „Eine Sprache heißt redundant, wenn es eine natürliche Zahl r gibt, so dass nicht alle Zeichenfolgen der Länge r mit gleicher Wahrscheinlichkeit auftreten (...)."[35] Eine typische Häufigkeitsverteilung für r=1 in der deutschen und der englischen Sprache sieht folgendermaßen aus:

Gruppe	Deutsch	Englisch
I	e	e
II	n r i s t d h a	t a o i n s h r
III	u l c g	d l
IV	m o b z w f	c u m w f g y p b
V	k v p j y q x	v k j x q z |[36]

---

[32] s.o. R. Wobst S. 31
[33] s.o. W. Fumy S. 35
[34] s.o. W. Fumy S. 34
[35] s.o. W. Fumy S. 36
[36] s.o. W. Fumy S. 38

Je nach der relativen Häufigkeit werden die Buchstaben in unterschiedliche Klassen eingeordnet. Im Deutschen wie im Englischen ist 'e' das mit Abstand am häufigsten vorkommende Zeichen und steht deshalb in der Klasse I. Die Einordnung ist analog fortgesetzt und endet mit der Klasse V für 'sehr selten'. In obigen Beispiel einer Freimaurerchiffre könnten das linksgeöffnete Quadrat entweder mit oder ohne Punkt für den Buchstaben e stehen, da jedes insgesamt 4 mal vorkommt und damit der Klasse I entspricht. Weiterhin ist die Analyse von Bi- und Trigrammen, also Buchstabenpaare und -tripel, nützlich. Ein kurzer Text ist deshalb schwer zu analysieren, da er im Gegensatz zu einer längeren Nachricht mit großer Wahrscheinlichkeit von diesen Verteilungen abweicht.

3.3 polyalphabetische Chiffre nach Vigenère

3.3.1 Anwendung des Vigenère-Tableau

„Die Vigenère-Verschlüsselung (...) wurde im Jahre 1586 von dem französischen Diplomaten Blaise de Vigenère (1523 bis 1596) der Öffentlichkeit zugänglich gemacht."[37] Sie „ist der Prototyp für viele Algorithmen die professionell bis in unser Jahrhundert benutzt wurden."[38] Zur Ver- und Entschlüsselung verwendet man das sogenannte Vigenère-Tableau.

Man schreibt das vorher bestimmte Schlüsselwort periodisch unter den Klartext bis dessen Ende erreicht ist. Die Anzahl der möglichen Wörter zum Klartext wird als Periode bezeichnet.

```
Klartext:           TEXTBEISPIEL

Schlüsselwort:      ABCABCABCABC -> Periode: 3

Geheimtext:         TFZTCGITRIFN
```

---

[37] s.o. A. Beutelspacher S. 37
[38] s.o. A. Beutelspacher S. 38

Recta tranfpofitionis tabula.

```
a b c d e f g h i k l m n o p q r s t u x y z w
b c d e f g h i k l m n o p q r s t u x y z w a
c d e f g h i k l m n o p q r s t u x y z w a b
d e f g h i k l m n o p q r s t u x y z w a b c
e f g h i k l m n o p q r s t u x y z w a b c d
f g h i k l m n o p q r s t u x y z w a b c d e
g h i k l m n o p q r s t u x y z w a b c d e f
h i k l m n o p q r s t u x y z w a b c d e f g
i k l m n o p q r s t u x y z w a b c d e f g h
k l m n o p q r s t u x y z w a b c d e f g h i
l m n o p q r s t u x y z w a b c d e f g h i k
m n o p q r s t u x y z w a b c d e f g h i k l
n o p q r s t u x y z w a b c d e f g h i k l m
o p q r s t u x y z w a b c d e f g h i k l m n
p q r s t u x y z w a b c d e f g h i k l m n o
q r s t u x y z w a b c d e f g h i k l m n o p
r s t u x y z w a b c d e f g h i k l m n o p q
s t u x y z w a b c d e f g h i k l m n o p q r
t u x y z w a b c d e f g h i k l m n o p q r s
u x y z w a b c d e f g h i k l m n o p q r s t
x y z w a b c d e f g h i k l m n o p q r s t u
y z w a b c d e f g h i k l m n o p q r s t u x
z w a b c d e f g h i k l m n o p q r s t u x y
w a b c d e f g h i k l m n o p q r s t u x y z
```

In hac tabula literarū canonica ſiue recta tot ex uno & uſuali noſtro latinarum literarum ipſarum permutationem ſeu tranſpoſitionē habes alphabeta, quot in ea per totum ſunt monogrammata, uidelicet quater & uigeſies quatuor & uiginti, quæ faciunt in numero D.lxxvi. ac per to tidē multiplicata, paulo efficiunt minus ꝗ quatuordecē milia.

o ij   39

Das Chiffrat zu einem Klartextzeichen befindet sich in der zugehörigen Spalte des Tableaus und in der Reihe des entsprechenden Schlüsseltextzeichens.

3.3.2 Varianten der Vigenère-Chiffrierung

Ein ähnliches Prinzip verwendete der englische Admiral Sir Francis Beaufort, jedoch subtrahierte er den Klar- bzw Geheimtext von der Schlüsselphrase. „Auf diese Weise können Chiffrierung und Dechiffrierung mit derselben Operation durchgeführt werden (...), d.h. die Chiffre ist involutorisch."[40]

Die kryptoanalytische Sicherheit hängt stark von der Wahl des Schlüssels und der resultierenden Periode ab. Bei einer größeren Periode nähern sich die relativen Häufigkeiten der Chiffretextzeichen einander an. Um dies zu verhindern, kann man entweder sehr lange Schlüssel wählen, die unter Umständen die Länge des Klartextes übersteigen, oder das Autokey-Verfahren anwenden. Hierbei wird der mit dem ursprünglichen Schlüssel chiffrierte Geheimtext verwendet, um die folgende Periode zu chiffrieren. Diese Operation wird auf jede Periode angewandt und soll sich wiederholende Chiffrate vermeiden.

---

[39] s.o. F. L. Bauer S. 89
[40] s.o. W. Fumy S. 53

3.3.4 Umsetzung in JavaScript

Um den Vigenère-Chiffre in JavaScript umzusetzen, ist ein weiteres Eingabefeld nötig. Der Wert des Schlüssels befindet sich nun im Objekt document.chiffre.key.value. Die Periodenanzahl wird durch die Länge des Schlüsselwortes festgelegt und die entsprechende Zuweisung in der Variablen l abgelegt. Die Ordnungszahlen des Schlüsseltextalphabets reichen, wie im Vigenère-Quadrat ersichtlich, von 0 bis 25 damit die Gleichung 'A' + 'A' = 'A' erfüllt ist. Die passende Umrechnung sieht folgendermaßen aus:

$$b = key.charCodeAt(k) - 97;[41]$$

Der Chiffrierschritt ist eine Addition der Ordnungszahlen modulo 26 und entspricht damit weitgehend dem der einfachen Substitution mit einem Unterschied: es wird nach dem Prinzip der Stromchiffrierung vorgegangen, da jedes Zeichen einer Periode mit einem eigenen Schlüsselzeichen der Position k wie folgt chiffriert wird:

$$c = a + b.$$ Entsprechend der Dechiffrierschritt $c = a - b$.

Die Variable k bestimmt die Position des Zeichens im Schlüsselwort, das zum Berechnen des Geheimtextzeichens gerade benötigt wird. Ist der Wert gleich der Länge des Schlüsselwortes muss dieser wieder auf 0 gesetzt werden, damit die Verschlüsselung fortgesetzt werden kann. Dies geschieht durch folgende Bedingung:

```
if(k>=key.length)    oder:        if(k>=l)
    k=0;                               k=0;
```

Die Funktion vigenere() ist nun vollständig umgesetzt.

3.3.4 Kryptoanalyse nach Kasiski und Friedman

„Bei dem von F.W. Kasiski 1893 publizierten Analyseverfahren (...) versucht man, identische Klartextabschnitte im Chiffretext aufzufinden und aus deren Abstand Rückschlüsse auf die Periode zu ziehen. Identische Sequenzen von Klartextzeichen werden von einer polyalphabetischen Substitutionschiffre im Allgemeinen auf unterschiedliche Sequenzen von Chiffretextzeichen abgebildet. Ist der Abstand dieser Klartextabschnitte jedoch ein Vielfaches der Periode der Chiffre, so stimmen auch die zugehörigen Abschnitte im Chiffretext überein."[42]

In Kombination mit dem sogenannten Friedmann-Test lässt sich die Schlüsselwortlänge nahezu exakt bestimmen. „Dieses Verfahren wurde 1925 von William Friedman entwickelt (...). Bei diesem Test fragt man sich, mit welcher Chance ein willkürlich aus einem Klartext herausgegriffenes Buchstabenpaar aus gleichen Buchstaben besteht. Die Antwort darauf wird

---

[41] s.o. S. Münz Selfhtml
[42] s.o. W. Fumy S. 58

durch den Koinzidenzindex gegeben."[43] Nach dem Prinzip „Anzahl der günstigen Fälle durch Anzahl der möglichen Fälle" berechnet sich I_C, der sogenannte Friedmansche Koinzidenzindex wie angegeben:

$$I_C = \frac{\sum_{i=1}^{26} n_i(n_i-1)/2}{n(n-1)/2} = \frac{\sum_{i=1}^{26} n_i(n_i-1)}{n(n-1)}$$

„Friedman selbst bezeichnete diese Zahl mit κ (griechisches Kappa)"[44], was seiner Analysemethode auch den Namen Kappa-Test einbrachte. Abhängig von der Periode d und der jeweiligen Sprache errechnet sich der Koinzidenzindex verschieden.

d	1	2	3	4	5	10	groß	
I_c	0,076	0,057	0,051	0,048	0,046	0,042	0,038	(Deutsch)
I_c	0,065	0,052	0,047	0,045	0,044	0,041	0,038	(Englisch)

[45]

Gilt für einen ausgewählten Chiffretext der Eintrag mit d=1, dann wurde er monoalphabetisch verschlüsselt, ist er deutlich kleiner, wurde die Chiffrierung polyalphabetisch durchgeführt. Um wieviel dieser Wert kleiner ist hängt von der Länge des Schlüssels ab. Aus diesem Zusammenhang leitete Friedman folgende Formel her:

$$l \approx \frac{0,0377n}{(n-1)I_C - 0,0385n + 0,0762}$$

Aus der Länge des Textes n und den einzelnen Häufigkeiten n_i der Buchstaben liefert die Friedman-Formel ziemlich genau die Länge l des Schlüsselwortes. Der Kryptoanalytiker weiß nun, dass an den Positionen Nr. 1, l+1, 2l+1 usw. mit demselben Zeichen chiffriert wurde. Mit Hilfe der Häufigkeitstabellen lässt sich der Geheimtext wieder schrittweise in den Klartext überführen.[46]

3.4 Transposition nach dem Vorbild der Griechen

3.4.1 Skytala von Sparta

„Die älteste überlieferte Verwendung einer Chiffre datiert ca. 2400 Jahre zurück. Mit der von den Griechen damals benutzten Skytala wurde eine Nachricht allein durch die Veränderung der Anordnung ihrer Schriftzeichen chiffriert."[47] „Die Skytala ist ein Zylinder eines bestimmten Durchmessers, auf den ein schmaler Papyrusstreifen gewickelt wird. Dieser Papyrusstrei-

---

[43] s.o. A. Beutelspacher S. 43
[44] s.o. A. Beutelspacher S. 44
[45] s.o. W. Fumy S. 61
[46] vgl. s.o. A. Beutelspacher S. 43-49

fen kann danach zeilenweise in Richtung der Zylinderachse beschrieben werden. Auf dem abgewickelten Streifen stehen die einzelnen Zeichen in permutierter Anordnung, so dass der Klartext nicht ohne weiteres abzulesen ist. Der Schlüssel der Skytala ist demnach der Durchmesser des verwendeten Zylinders."[48]

3.4.2 Spalten- und Blocktransposition

„Die hierfür verwendeten Permutationen werden häufig mit Hilfe geometrischer Figuren (Rechtecke, Mäander etc.) beschrieben, in denen verschiedene Pfade zum Einlesen und Auslesen der Nachrichten definiert sind."[49] Im Falle der Skytala ist die Figur eine rechteckige Matrix in deren Felder der Klartext zeilenweise eingeschrieben und spaltenweise ausgelesen wird. In der Kryptologie spricht man dabei von der sogenannten Spaltentransposition.

Eine andere Methode nennt sich Blocktransposition und benutzt als Schlüssel eine Permutation π. Jedem Buchstaben in einem Block des Klartextes wird eine neue Position zugewiesen (z.B. für π=(3 4 5) dem 3. Buchstaben die 4. Position, dem 4. die 5. usw.).[50]+[51]

3.4.3 Spaltentransposition in JavaScript

Eine Spaltentransposition ist durch ihren Schlüssel, also der Breite der Matrix, bestimmt. Dieser wird am Anfang der Funktion in die Variable k geschrieben und hilft die Menge der Zeichen zu ermitteln, die für eine vollständige Matrix an den Klartext angefügt werden müssen.

Die Variable s entspricht der Spalte, die zum 'Ablesen' des Geheimtextes durchlaufen wird und muss nach Erreichen der letzten Reihe, also auch dem Klartextende, um eins erhöht werden. In Formeln ausgedrückt ergibt sich folgende Gesetzmäßigkeit für das Klartextzeichen in der Position i:

$$c_i = s + k \cdot x$$

Beispiel für k=4:

```
T E X T   c₁ = 1 + 4*0 (=T)     c₄ = 2 + 4*0 (=E)

B E I S   c₂ = 1 + 4*1 (=B)     usw.

P I E L   c₃ = 1 + 4*2 (=P)
```

---

[47] s.o. W. Fumy S. 23
[48] s.o. W. Fumy S. 42
[49] s.o. W. Fumy S. 41
[50] s.o. D. Welsh S. 135
[51] s.o. W. Fumy S. 43

Um die Dechiffrierung zu realisieren genügt es, sich die Matrix um 90 Grad nach rechts gedreht vorzustellen. Folglich kann man mit dem Chiffrierverfahren wieder den Klartext erhalten, wenn man als Schlüssel die Reihenzahl wählt.

$$k' = \frac{Klartextlänge}{k}$$

Im Beispiel: $k' = 12 / 4 = 3$

```
T B P        c₁ = 1 + 3*0 (=T)    c₅ = 2 + 3*0 (=B)

E E I        c₂ = 1 + 3*1 (=E)    usw.

X I E        c₃ = 1 + 3*2 (=X)

T S L        c₄ = 1 + 3*3 (=T)
```

3.4.4 Mögliche Kryptoanalysemethoden

Nach einer Transposition bleiben die relativen Häufigkeiten der einzelnen Zeichen erhalten, dagegen die der Buchstabenkombinationen nicht. Bei der Kryptoanalyse versucht man, häufige Bi- und Trigramme der jeweiligen Sprache wiederherzustellen. Eine Spaltentransposition ist damit schon kompromittiert, wobei im trivialen Falle geordneter Spaltenanordnung auch die brute-force-Methode zu Erfolg führen kann, da die Anzahl der möglichen Schlüssel gleich der Länge des Klartextes ist.

4 Asymmetrische Kryptosysteme

4.1 Entwicklung der Falltürfunktion

Ein Nachteil bei symmetrischen Verfahren ist das Schlüsselverteilungssystem. Das Problem besteht in der Einrichtung eines sicheren Kanals, über diesen Sender und Empfänger den aktuellen Schlüssel austauschen können. 1976 versuchten sich Diffie und Hellman an einer Lösung und kamen auf die sogenannte Falltürfunktion (trapdoor function).[52]

4.2 Aufbau und Eigenschaften

„Alle Benutzer im System, die miteinander kommunizieren wollen, verwenden denselben Verschlüsselungsalgorithmus E und denselben Entschlüsselungsalgorithmus D."[53] Jeder einzelne besitzt einen öffentlichen Schlüssel K und einen privaten Schlüssel K'. Will ein Benutzer einem anderen eine Nachricht M senden, so muss sich dieser den jeweiligen öffentlichen Schlüssel K' des Empfängers beschaffen und damit M verschlüsseln. Das Kryptogramm C

---

[52] s.o. D. Welsh S. 229

kann nur der Empfänger mit dem passenden privaten Schlüssel K' entschlüsseln. Die Sicherheit des Systems hängt von der Erfüllung der vier aufgeführten Eigenschaften ab.

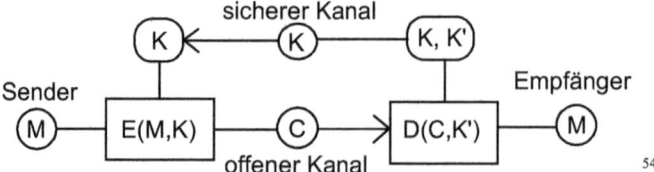

Bei gegebenen M und K sollte C = E(M,K) leicht berechenbar sein. Wenn lediglich das Kryptogramm C gegeben ist, ist es rechnerisch nicht möglich, M zu bestimmen, d.h. der Verschlüsselungsalgorithmus ist eine „Einwegfunktion". Wenn das Kryptogramm C und der geheime Schlüssel K' bekannt sind, so kann die Nachricht M leicht bestimmt werden. Jeder Schlüssel K muss damit einen „inversen Schlüssel" K' besitzen. Es sollte unkompliziert sein, „Zufallspaare" öffentlicher und privater Schlüssel K und K' zu erzeugen, d.h. es sollte eine große Auswahl möglicher Paare existieren. Werden die ersten drei Eigenschaften von einem Algorithmus erfüllt, handelt es sich um eine „Falltürfunktion" nach Diffie und Hellman.[55]

4.3 Verschlüsselung nach Rivest, Shamir und Adleman

4.2.1 Erste Kryptosysteme mit öffentlichen Schlüssel

Die ersten Kryptosysteme mit öffentlichen Schlüssel wurden 1978 von Merkel und Hellman sowie von Rivest, Shamir und Adleman (kurz RSA) entwickelt. Weniger bekannt ist das Elgamal-Verfahren, dass auf der Schwierigkeit beruht, diskrete Logarithmen zu berechnen, d.h., bei bekannter Basis a und Modul n aus $y = a^x \, MOD \, n$ den Wert x zu bestimmen. Weite Anwendung in der Computertechnik fand das RSA-Verfahren, dessen Kompromittierung der Faktorisierung zweier großer Primzahlen gleichzusetzen ist.

4.2.2 Schlüsselerzeugung in JavaScript

Diese müssen in JavaScript als erstes bestimmt werden. Falls vom Benutzer kein gültiges Zahlenpaar eingegeben wird, soll eine while-Schleife durchlaufen werden. Zuerst wird nach der Formel 2k+1 eine Zahl p errechnet, für $k \in [0;50]$, und auf Primzahleigenschaften über-

---

[53] s.o. D. Welsh S. 229
[54] ähnlich s.o. D. Welsh S. 139 und s.o. W. Fumy S. 16
[55] s.o. D. Welsh S. 230

prüft. Sobald p prim ist, vollzieht eine zweite Befehlskette denselben Rhythmus, bis eine zweite Primzahl q gefunden ist.

Um die Primzahleigenschaften von zahl zu testen, überprüft die Funktion teste_primzahl() jeden ungeraden Teiler von 2 bis zur Quadratwurzel der gegebenen Zahl.

```
for(i = 3; i <= grenzzahl; i+=2)

  if(zahl % i == 0)

    prim = false;

  if(zahl % 2 == 0)

    prim = false;
```

Ergibt jede Division durch den Teiler i und die Zahl 2 den Rest Null, so ist die Zufallszahl prim. Das Produkt n = p * q ist bereits ein Teil des öffentlichen Schlüssel.

Euler definierte eine Zahl $\phi(x)$ als Anzahl der teilerfremden Zahlen zu x. Für eine Primzahl p gilt somit: $\phi(p)=p-1$. „Sind p und q zwei verschiedene Primzahlen, so ist $\phi(pq)=(p-1)(q-1)$."[56] Hieraus folgt der Satz von Euler: „Sind m und n zwei natürliche Zahlen, die teilerfremd sind,

so gilt: $\qquad m^{\phi(n)} MOD \quad n = 1$"[57]

also auch: $\qquad m^{(p-1)(q-1)} MOD \; pq = 1$

In JavaScript wird vorerst die eulersche Zahl f berechnet und eine Zufallszahl e gefunden, die dazu teilerfremd ist. Ob dies der Fall ist, überprüft man mit dem euklidischen Algorithmus, der in der Funktion ggT() enthalten ist. Dabei wird der Rest der Division beider Zahlen berechnet und beim nächsten Durchgang als Teiler verwendet. Der Divisorvariable wird infolgedessen der Wert des Teilers zugeordnet. Zur Veranschaulichung soll folgendes Beispiel dienen:

```
a = 33; b = 9

  33 MOD 9 = 6 (+ 3 * 9) => r = 6

  9 MOD 6  = 3 (+ 1 * 6) => r = 3

  6 MOD 3  = 0 (+ 2 * 3) => ggT = b = 3
```

Im Programmtext bewirkt eine while-Schleife, dass obige Berechnungen so lang durchgeführt werden, bis der Rest gleich null ist und die Variable b den größten gemeinsamen Teiler ent-

---

[56] s.o. A. Beutelspacher S. 124
[57] s.o. A. Beutelspacher S. 124

hält. Falls für eine Zahl e die Gleichung ggT(e,f)=1 stimmt, so ist sie der zweite Teil des öffentlichen Schlüsselpaares, welches zur Chiffrierung benötigt wird.

Sind e und f teilerfremde Zahlen, so gibt es eine ganze Zahl d, die folgende Bedingung erfüllt:

$$d*e \ MOD \ f = 1 \ [58]$$

Im RSA-Algorithmus wird die kleinstmögliche Zahl d gesucht, um eine schnelle Entschlüsselung zu ermöglichen.

```
while((g!=1)&&(d<=10000))

{

d++;

g=(d*e)%f;

document.kryptographie.key_d.value = d;

}
```

Überschreitet d nicht die willkürlich gesetzte Obergrenze von 10000 und ergibt der Term für g den Wert 1, so stellt der aktuelle Wert von d den privaten Schlüssel dar.

4.3.3 Ver- und Entschlüsselung über eine Einwegfunktion

Der Chiffrierschritt funktioniert nach der Gleichung

$$C = M^e MOD \ n$$

und der Dechiffrierschritt entsprechend

$$M = C^d MOD \ n.$$

In JavaScript nehme man den Klartext unterteilt in Blöcke der Größe 2 an.

```
m1=text.charCodeAt(i*2)-96;

m2=text.charCodeAt(i*2+1)-96;

.


.


m=m1*100+m2;
```

Jedes Zeichenpaar m wird in Form der äquivalenten 4-stelligen Zahl über den Chiffrierschritt verschlüsselt. Die folgende umständlich wirkende Methode zur Potenzierung verhindert mehrstellige Zahlen und garantiert eine schnelle Verarbeitung.

---

[58] s.o. A. Beutelspacher S. 127

```
for(t = 1;t < e;t++)

    c=(c*m)%n;
```

Gleiches Verfahren soll für den Dechiffrierschritt angewandt werden. Da die Ausgabe des Geheimtextes nicht über eine Zahlenfolge sondern über ASCII-Codes erfolgen soll, muss ein Ausschnitt aus der ASCII-Zeichentabelle gefunden werden, der keine Steuerzeichen enthält. Ab dem ASCII-Code 032 befinden sich in der Tabelle Satzzeichen, Symbole, Zahlen und die Klein- und Großbuchstaben, welche zur Ausgabe dienlich sein können. Eine flexible Auswahl wird über die Variable asc erreicht, welche zwecks Umrechnung zur verschlüsselten Zahl addiert wird und vor der Dechiffrierung subtrahiert werden muss.

4.2.4 Eingeschränkte Sicherheit durch man-in-the-middle-Angriff[59]

Die Existenz eines öffentlichen Schlüssels ermöglicht einem unberechtigten Angreifer, sich als der Empfänger X auszugeben und seinen öffentlichen Schlüssel dem Sender Y zu schikken. Nichtsahnend sendet dieser seine geheime Nachricht M an X während der Angreifer A die Nachricht abfangen und den Geheimtext mittels dem eigenen privaten Schlüssel entziffern kann. Zur Abwehr dieses Angriffs gibt es bereits einen funktionierenden Schlüsselaustausch.

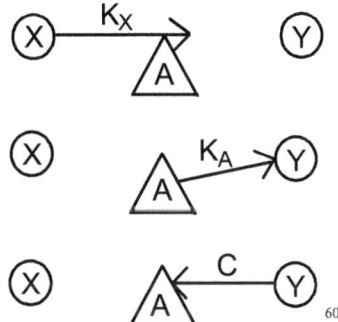

4.2.5 Praktische Anwendung und Hybridsysteme

Die zufällig gewählten Primzahlen p und q sind üblicherweise 512 Bit groß und bilden das Produkt n mit einer Größe von N Bit. Die Blöcke haben eine Länge von N-1 Bit und ergeben Geheimtextblöcke von N Bit. „Wenn n eine 512-Bit Zahl ist (...), so fasst man jeweils 64 Zei-

---

[59] s.o. R. Wobst S. 155
[60] ähnlich s.o. R. Wobst S. 155

chen zusammen und erhält dadurch Blöcke von 64*8 = 512 Bit. Jede dieser Bitfolgen wird dann als binäre Darstellung einer natürlichen Zahl m interpretiert."[61]

Ein gewichtiger Nachteil von asymmetrischen Algorithmen ist die langsame Verschlüsselung.

„Dies ist der Hauptgrund dafür, daß in der Praxis ganz überwiegend eine Kombination aus symmetrischer und asymmetrischer Verschlüsselung angewendet wird, die sogenannten Hybridsysteme."[62] Hierbei wird der Schlüssel, der sogenannte Sitzungsschlüssel, eines symmetrischen Kryptosystems über den public key chiffriert und an den Empfänger der Nachricht gesendet. Er kann mit Hilfe seines private key den Sitzungsschlüssel dechiffrieren und damit ebenfalls den Klartext lesen.

4.2.6 Faktorisierungsproblem

„Die Rekonstruktion des Klartextes oder des privaten Schlüssels aus Chiffretext und öffentlichem Schlüssel ist nach heutigem Erkenntnisstand genauso schwierig, wie die Lösung (...) [des] Problems der Faktorisierung großer Zahlen, allerdings gibt es dafür keinen Beweis."[63] Wie lange eine derartige Kryptoanalyse dauert, hängt von der Größe der gewählten Primzahlen ab. Bei zwei Zahlen mit je 150 Dezimalstellen dauert es mit bekannten Methoden auf einer modernen Workstation mehr als 2000 Jahre, um n zu faktorisieren.[64] Über Faktorisierungswettbewerbe rund um den Globus testen nach Aufrufen der Vertreiberfirma RSA Data Security Inc. eine Großzahl von Anwendern gemeinsam den RSA-Algorithmus auf seine Sicherheit, wie es auch vor 6 Jahren der Fall war. Im April 1994 wurde über den sogenannten Quadratischen Sieb unter Leitung von Arjen Lenstra die Faktorisierung einer 428-Bit-Zahl (129 Dezimalstellen) fertiggestellt. Dazu mussten 600 Anwender ihre insgesamt 1600 Rechner über acht Monate arbeiten lassen.[65]

5 Moderne Algorithmen und ihre Auswirkungen

1976 konstruierte man eine Kombination symmetrischer Systeme mit dem Namen Data Encryption Standard (kurz DES). „Jeder Nutzer sucht mittels Zufallsgenerator einen Schlüssel aus und macht ihn denjenigen zugänglich, die befugt sind, diese geschützten Daten zu lesen."[66] Die hohe Zahl von Kombinationsmöglichkeiten der Schlüssel macht eine Kryptoana-

---

[61] s.o. A. Beutelspacher S. 131
[62] s.o. Rechtsfragen
[63] s.o. Rechtsfragen
[64] s.o. Spektrum der Wissenschaft, September 1996 S. 80
[65] s.o. R. Wobst S. 168
[66] Microsoft Encarta Enzyklopädie 2000 plus: Kryptographie

lyse nur mit schnellen Computern durchführbar. Mindestens ebenso bekannt ist PGP (Pretty Good Privacy), ein symmetrisches System in Kombination mit dem RSA-Verfahren für eine gesicherte Schlüsselübergabe, dessen weitverbreitete Sicherheit eine Bedrohung für die staatliche Terrorbekämpfung darstellt. Aus dem Grund waren lange Zeit in den USA sichere Chiffrieralgorithmen vom Export ausgeschlossen. „In Frankreich gilt Kryptografie sogar als zweitgefährlichste Waffengattung, ihre Verwendung ist nur mit Genehmigung der Premiers zulässig (...)."[67] Doch trotz aller böswilligen Einsatzmöglichkeiten sollte man bedenken, dass die Kryptologie darauf sinnt, einen sicheren Datentransfer und abhörsichere Privatspäre zu garantieren.

---

[67] s.o. R. Wobst S. 15

6 Literatur- und Quellenverzeichnis:

- Friedrich L. Bauer; Kryptologie - Methoden und Maximen 2. Auflage, Springer Verlag 1994

- Albrecht Beutelspacher; Kryptologie 3. Auflage, Friedr. Vieweg & Sohn Verlagsgesellschaft mbH Braunschweig/Wiesbaden 1992

- Johannes Buchmann; Faktorisierung großer Zahlen, erschienen in 'Spektrum der Wissenschaft' Ausgabe September 1996

- W. Fumy / H. P. Rieß; Kryptographie - Entwurf, Einsatz und Analyse symmetrischer Kryptoverfahren 2. Auflage, R. Oldenburg Verlag GmbH München 1994

- Winfried Kassera / Volker Kassera; Turbo Pascal 7.0 - Das Kompendium Limitierte Sonderausgabe, Markt und Technik Buch- und Software-Verlag Haar bei München 1996

- Wolfgang Kopp; Rechtsfragen der Kryptographie und der digitalen Signatur, http://www.wolfgang-kopp.de/krypto.html (28.1.2000)

- Microsoft Encarta Enzyklopädie 2000 plus: c't-Artikel: Kryptologische Begriffe und Verfahren

- Microsoft Encarta Enzyklopädie 2000 plus: Kryptologie

- Stefan Münz; Sefthtml (HTML-Dateien selbst erstellen) Version 7.0, http://www.netzwelt.com/selfhtml/ (23.11.1999)

- Dominic Welsh; Codes und Kryptographie, VCH Verlagsgesellschaft mbH Weinheim 1991

- Reinhard Wobst; Abenteuer Kryptologie - Methoden, Risiken und Nutzen der Datenverschlüsselung 2. Auflage, Addison Wesley Longman Verlag GmbH 1998

8 Weiterführende Informationen im Internet

Allgemeine Informationen

Uni GH Siegen, Security Server: http://www.uni-siegen.de/security/

Hack Netscape: http://www.c2.org/hacknetscape/

Kryptographie FAQ: http://www.iks-jena.de/mitarb/lutz/security/cryptfaq/alg_tech.html

PGP

Kryptologie & PGP: http://www.fitug.de/archiv/crypto.html

Internationale PGP Homepage: http://www.pgpi.org/

Informationen zu den verschiedenen PGP Versionen: http://www.fitug.de/ulf/krypto/pgp-vers.html

RSA

Homepage der RSA Data Security Inc.: http://www.rsasecurity.com/

RSA Data Security, Inc. FAQs: http://www.rsa.com/faq/faq_toc.html

Kryptoanalyse via Timing Attacks: http://www.cryptography.com/timingattack/index.html

ROT13

ROT13-FAQ: http://www.math.fu-berlin.de/~guckes/rot13/

Anhang

A Quelltext Substitutionsalgorithmen

```html
<html>
<!-- Kopf der Seite mit dessen Titel -->
<head>
<meta http-equiv="Content-Type" content="text/html; charset=iso-8859-1">
<title>SUBSTITUTION - einfache Substitution und Vigenère-
Chiffrierung</title>

<!-- JavaScript-Anfang -->
<script language="JavaScript"><!--
//größter gemeinsamer Teiler von a und b
function ggT(a,b)
{
 //r muss auf 1 gesetzt werden, damit while-Schleife ausgeführt wird
 var r=1;
 //bei Zähler a=0 oder Nenner b=0 wird Bestimmung des ggT übersprungen
 if((a!=0)&&(b!=0))
 {
  while(r!=0)
  {
   //Rest r der Division von a durch b wird berechnet
   r=a%b;
   a=b;
   b=r;
  }
 //Ergebnis: a=ggT und b=0
 g=a;
 //Funktion gibt den ggT zurück
 return g;
 }
}

// - - - einfache Substitution - - -
function einfach()
{
 //modus enthält entweder 'encrypt' oder 'decrypt'
 modus = document.daten.modus.options
 [document.daten.modus.options.selectedIndex].value;
 //bei Verschlüsselung (=encrypt) wird Klartext als Quelle verwendet
 if(modus=="encrypt")
 {
  text=document.daten.plaintext.value;
  document.daten.ciphertext.value='';
 }
 //bei Entschlüsselung (<>encrypt) wird Geheimtext als Quelle verwendet
 else
 {
  text=document.daten.ciphertext.value;
  document.daten.plaintext.value='';
 }
 //Belegung der Schlüssel t für Addition und s für Multiplikation
 t=parseInt(document.kryptographie.key_a.value)%26;
 s=parseInt(document.kryptographie.key_m.value);

 //Überprüfung der Anzahl des größten gemeinsamen Teilers
 //von s und des Betrags der Klartextzeichenmenge
 if(ggT(s,26)!=1)
  alert('Die Zuordnung ist nicht eindeutig!'+'\n'+s+
        'und 26 besitzen den ggT='+ggT(s,26));
```

```
for(i=0;i<text.length;i++)
{
 a=text.charCodeAt(i)-96;

 //Berechnung des ver- bzw. entschlüsselten Zeichens,
 //sprich seiner Position im Alphabet
 if(modus=="encrypt")
  c=a*s+t;
 else
 {
  c=a-t;
  //Umkehrung der Modulofunktion
  //c=m%26 => m=c+x*26
  while(c%s!=0)
   c+=26;
  c=c/s
 }

 //zeichenweise Ausgabe des ver- bzw. entschlüsselten Textes
 //Klartextalphabet beginnt bei 097=a
 //die Subtraktion wird mit +26 ausgeglichen
 //die Ausgabe von z (26%26+96=0) wird durch -1 in der Klammer
 //und +1 außerhalb korrigiert
 if(modus=="encrypt")
  document.daten.ciphertext.value += String.fromCharCode((c-1)%26+97);
 else
  document.daten.plaintext.value += String.fromCharCode((c+25)%26+97);
 }
}

// - - - Vigenère-Chiffrierung - - -
function vigenere()
{
 //modus enthält entweder 'encrypt' oder 'decrypt'
 modus = document.daten.modus.options
 [document.daten.modus.options.selectedIndex].value;
 //bei Verschlüsselung (=encrypt) wird Klartext als Quelle verwendet
 if(modus=="encrypt")
 {
  text=document.daten.plaintext.value;
  document.daten.ciphertext.value='';
 }
 //bei Entschlüsselung (<>encrypt) wird Geheimtext als Quelle verwendet
 else
 {
  text=document.daten.ciphertext.value;
  document.daten.plaintext.value='';
 }
 //key enthält das Schlüsselwort bzw. die Schlüsselphrase
 key=document.kryptographie.key_text.value;

 //l ist die Länge des Schlüsselworts key
 var k=0;
 var l=key.length;

 //Schleife: Stromchiffrierung vom 1. bis zum letzten Buchstaben des Klar-
textes
 for(i = 0;i <= text.length;i++)
 {
  //Abbildung des Buchstabens auf seine Position im Alphabet
  a=text.charCodeAt(i)-96;
  //Abbildung des Buchstabens auf seine Position im Alphabet minus 1
  //der Buchstabe 'a' bewirkt damit nichts (siehe Vigenère-Tableau)
  b=key.charCodeAt(k)-97;
```

```
//additive Verknüpfung
if(modus=="encrypt")
 c=a+b;
else
 c=a-b;

//Position des Schlüsselbuchstabens wird um 1 weitergeschoben
k++;
//ist die Position außerhalb des Schlüsselwortes, so wird die
//auf den 1. Buchstaben gesetzt
if(k>=1)
 k=0;

//zeichenweise Ausgabe des ver- bzw. entschlüsselten Textes
//eine Subtraktion wird mit +26 ausgeglichen
//Klartextalphabet beginnt bei 097=a
if(modus=="encrypt")
 document.daten.ciphertext.value += String.fromCharCode((c-1)%26+97);
else
 document.daten.plaintext.value += String.fromCharCode((c+25)%26+97);
}
}

// - - - einfache Substitution: brute-force-Angriff - - -
function de_einfach()
{
//text enthält den verschlüsselten Geheimtext aus dem Feld 'ciphertext'
text=document.daten.ciphertext.value;

//der Wert des Textfeldes 'plaintext2' wird auf folgenden String gesetzt
//Steuerzeichen \n bewirkt einen Zeilenumbruch
document.kryptoanalyse.plaintext2.value =
'Test auf additive Verknüpfung (brute-force):\n';

//Schleife: alle möglichen additiven Schlüssel 1-26 werden angewandt
for(k=1;k<=26;k++)
{
//jede Zeile beginnt mit 'key' und dem verwendeten Schlüssel
document.kryptoanalyse.plaintext2.value+='key ('+k+',1):';

//Schleife: Entschlüsselung durch Subtraktion
for(i=0;i<=text.length;i++)
{
 a=text.charCodeAt(i)-97;
 c=a-k;
 //Ausgleich der Subtraktion durch +26
 //und Abbildung auf das Klartextalphabet
 c=(c+26)%26+97;
 //zeichenweise Ausgabe der substituierten Zeichen
 document.kryptoanalyse.plaintext2.value+=String.fromCharCode(c);
}
//Zeilenwechsel im Textfeld 'plaintext2'
document.kryptoanalyse.plaintext2.value+='\n';
}

//Test auf multiplikative Verknüpfung beginnt mit folgenden Text
document.kryptoanalyse.plaintext2.value+=
'Test auf multiplikative Verknüpfung (brute-force):\n';

//Schleife: alle möglichen multiplikativen Schlüssel 1-26 werden angewandt
for(k=1;k<=26;k++)
{
//jede Zeile beginnt mit 'key' und dem verwendeten Schlüssel
document.kryptoanalyse.plaintext2.value+='key (0,'+k+'):';
```

```
//Schleife: Entschlüsselung durch Teilung
for(i=0;i<=text.length;i++)
{
 //a enthält die Position des Buchstabens der (i+1)ten Stelle
 a=text.charCodeAt(i)-96;
 //Umkehrung der Modulofunktion
 //c=m%26 => m=c+x*26
 //Endlosschleife wird durch 2. Bedingung vermieden
 while((a%k!=0)&&(a<1000))
  a=a+26;
 if(a<1000)
 {
  c=a/k;
  //Abbildung auf Klartextalphabet
  c=c%26+96;
  document.kryptoanalyse.plaintext2.value+=String.fromCharCode(c);
 }
 else
  //funktioniert die Umkehrung nicht, so wird eine Dezimalzahl mit '#'
umgangen
  document.kryptoanalyse.plaintext2.value+='#';
 }
 //Zeilenwechsel im Textfeld 'plaintext2'
 document.kryptoanalyse.plaintext2.value+='\n';
 }
}
// --></script>
<!-- JavaScript-Ende -->

</head>

<!-- Hauptteil der Seite -->
<body>
<h1 align="center">Substitutionschiffrierung</h1>

<div align="left">
 <u>Kryptographie</u>
</div>

<!-- Formular 'daten' wird geöffnet -->
<form name="daten">
    <!-- Texteingabefeld 'plaintoxt' -->
    <div align="center">
     Klartext (plaintext)
     <input type="text" size="50" name="plaintext" value="beispiel">
     <!-- blinkende Warnung -->
     <blink>(nur Kleinbuchstaben!)</blink><br>
    </div>

    <!-- Texteingabefeld 'ciphertext' -->
    <div align="center">
     Geheimtext (ciphertext)
     <input type="text" size="50" name="ciphertext">
    </div><br>

    <!-- Auswahlfeld 'modus' -->
    <div align="center">
     <select name="modus" size="2">
      <option selected value="encrypt">Verschlüsseln
      <option value="decrypt">Entschlüsseln
     </select>
     <!-- Button setzt alle Elemente dieses Formulars auf Ausgangsstellung -
->
     <input type="Reset" value="Zurücksetzen">
    </div>
```

```html
<!-- Ende des Formulars 'daten' -->
</form>

<hr width=50%>

<!-- Formular 'kryptographie' wird geöffnet -->
<form name="kryptographie">
 <blockquote>
  <div align="left">
   <input type="button" value="einfache Substitution" on-
click="einfach()"><br>
   Schlüssel für Addition (key)
   <input type="text" size="20" name="key_a" value="3"><br>
   Schlüssel für Multiplikation (key)
   <input type="text" size="20" name="key_m" value="1"><br>
  </div>
 </blockquote>

 <blockquote>
  <div align="left">
   <input type="button" value="Vigenère" onclick="vigenere()">
   Schlüssel (key)
   <input type="text" size="20" name="key_text" value="abc">
  </div>
 </blockquote>
 <!-- Formular 'kryptographie' wird geschlossen -->
</form>

<hr>

<div align="left">
 <u>Kryptoanalyse:</u>
</div>

<!-- Formular 'kryptoanalyse' wird geöffnet -->
<form name="kryptoanalyse">
 <blockquote>
  <div align="left">
   <input type="button" name=""
   value="einfache Substitution (brute-force)"  onclick="de_einfach()">
  </div>
  <div align="center">
   Kryptoanalyse ergab:<br>
   <textarea name="plaintext2" cols="60" rows="10"></textarea><br>
  </div>
 </blockquote>
 <!-- Formular 'kryptoanalyse' wird geschlossen -->
</form>
</body>
</html>
```

B Quelltext Transpositionsalgorithmen

```html
<html>
<!-- Kopf der Seite mit dessen Titel -->
<head>
<meta http-equiv="Content-Type" content="text/html; charset=iso-8859-1">
<title>TRANSPOSITION - Spaltentransposition</title>

<!-- JavaScript-Anfang -->
<script language="JavaScript"><!--
function spalten()
{
 //modus enthält entweder 'encrypt' oder 'decrypt'
 modus = document.daten.modus.options
 [document.daten.modus.options.selectedIndex].value;
 //bei Verschlüsselung (=encrypt) wird Klartext als Quelle verwendet
 if(modus=="encrypt")
 {
  text=document.daten.plaintext.value;
  document.daten.ciphertext.value='';
 }
 //bei Entschlüsselung (<>encrypt) wird Geheimtext als Quelle verwendet
 else
 {
  text=document.daten.ciphertext.value;
  document.daten.plaintext.value='';
 }
 //key_s enthält die Spaltenzahl der Matrix
 key_s=document.kryptographie.key_s.value;

 //parseInt('123text') liefert aus dem String 123 als Zahl
 k=parseInt(key_s);
 //text wird durch die Spaltenzahl geteilt;
 //ist die Teilung nicht ganzzahlig, so fehlen zu einer
 //vollständigen Matrix noch (l-r) Zeichen
 if(modus=="encrypt")
 {
  r=text.length%k;
  if(r>0)
   for(i=1;i<=(k-r);i++)
    text=text+'x';
 }
 //Drehung der Matrix um 90° => k'=Textlänge/k
 else
  k=text.length/k;

 var text2='';

 for(s=1;s<=k;s++)
  for(x=0;x<(text.length/k);x++)
  {
   if(modus=="encrypt")
    document.daten.ciphertext.value += text.charAt(s+k*x-1);
   else
    document.daten.plaintext.value += text.charAt(s+k*x-1);
  }
}

function de_spalten()
{
 document.kryptoanalyse.plaintext2.value='';
 text=document.daten.ciphertext.value;
 var plain='';
```

```
for(l=1;l<=text.length;l++)
{
 var plaintext2='';
 var k=0;
 var key_l=text.length/l;
 while(plaintext2.length<text.length)
 for(i = plaintext2.length;i < text.length;i++)
 {
  plaintext2=plaintext2+text.charAt(k);
  k=k+key_l;
  if(k>=text.length)
   k=k%key_l+1;
 }
 if(Math.ceil(key_l)==key_l)
  plain = plain + "key:"+(text.length/key_l)+" -> "+plaintext2 + '\n';
}
document.kryptoanalyse.plaintext2.value=plain;
}
// --></script>
<!-- JavaScript-Ende -->

</head>

<body>
<h1 align="center">Transpositionschiffrierung</h1>

<div align="left">
 <u>Kryptographie</u>
</div>

<!-- Formular 'daten' wird geöffnet -->
<form name="daten">
    <!-- Texteingabefeld 'plaintext' -->
    <div align="center">
     Klartext (plaintext)
     <input type="text" name="plaintext" value="beispiel" size="50">
    </div>

    <!-- Texteingabefeld 'ciphertext' -->
    <div align="center">
     Geheimtext (ciphertext)
     <input type="text" name="ciphertext" size="50">
    </div><br>

    <!-- Auswahlfeld 'modus' -->
    <div align="center">
     <select name="modus" size="2">
      <option selected value="encrypt">Verschlüsseln
      <option value="decrypt">Entschlüsseln
     </select>
     <!-- Button setzt alle Elemente dieses Formulars auf Ausgangsstellung -
->
     <input type="Reset" value="Zurücksetzen">
    </div>

<!-- Ende des Formulars 'daten' -->
</form>

<hr width=50%>

<!-- Formular 'kryptographie' wird geöffnet -->
<form name="kryptographie">
 <blockquote>
  <div align="left">
```

```html
  <input type="button" value="Spaltentransposition" onclick="spalten()">
  Schlüssel(key)
  <input type="text" size="10" name="key_s" value="3">
 </div>
</blockquote>

<blockquote>
 <div align="left">
  <input type="button" value="Blocktransposition" onclick="block()">
  Schlüssel(key)
  <input type="text" size="10" name="key_n" value="132">
 </div>
</blockquote>
<!-- Formular 'kryptographie' wird geschlossen -->
</form>

<hr>

<div align="left">
 <u>Kryptoanalyse:</u>
</div>

<!-- Formular 'kryptoanalyse' wird geöffnet -->
<form name="kryptoanalyse">
 <blockquote>
  <div align="left">
   <input type="button" value="Spaltentransposition (brute-force)" on-
click="de_spalten()">
  </div>

  <div align="center">
   Kryptoanalyse ergab:<br>
   <textarea name="plaintext2" cols="60" rows="10"></textarea><br>
  </div>
 </blockquote>
<!-- Formular 'kryptoanalyse' wird geöffnet -->
</form>

</body>
</html>
```

C Quelltext RSA-Algorithmus

```
<html>
<!-- Kopf der Seite mit dessen Titel -->
<head>
<meta http-equiv="Content-Type" content="text/html; charset=iso-8859-1">
<title>PUBLIC KEY - RSA-Chiffrierung</title>

<!-- JavaScript-Anfang -->
<script language="JavaScript"><!--
//größter gemeinsamer Teiler von a und b
function ggT(a,b)
{
 //r muss auf 1 gesetzt werden, damit while-Schleife ausgeführt wird
 var r=1;
 //bei Zähler a=0 oder Nenner b=0 wird Bestimmung des ggT übersprungen
 if((a!=0)&&(b!=0))
 {
  while(r!=0)
  {
   //Rest r der Division von a durch b wird berechnet
   r=a%b;
   a=b;
   b=r;
  }
 //Ergebnis: a=ggT und b=0
 g=a;
 //Funktion gibt den ggT zurück
 return g;
 }
}

//testet eine Zahl auf mögliche Teiler i
function teste_primzahl(zahl)
{
 var prim=true;
 //nur alle Teiler bis zur Quadratwurzel der Zahl müssen überprüft werden
 var grenzzahl = Math.ceil(Math.sqrt(zahl));

 //Schleife: i geht von 3 bis zur Grenzzahl in 2er Schritten
 //Zahl ist nicht prim, sobald sie ganzzahlig durch ein i oder 2 teilbar ist
 for(i = 3; i <= grenzzahl; i+=2)
  if(zahl % i == 0)
   prim = false;
 if(zahl % 2 == 0)
  prim = false;
 return prim;
}

function rsa()
{
 //modus enthält entweder 'encrypt' oder 'decrypt'
 modus = document.daten.modus.options
 [document.daten.modus.options.selectedIndex].value;
 //bei Verschlüsselung (=encrypt) wird Klartext als Quelle verwendet
 if(modus=="encrypt")
 {
  text=document.daten.plaintext.value;
  document.daten.ciphertext.value='';
 }
 //bei Entschlüsselung (<>encrypt) wird Geheimtext als Quelle verwendet
 else
```

```
{
  text=document.daten.ciphertext.value;
  document.daten.plaintext.value='';
}
//vorgegebenes Schlüsselpaar wird übernommen
e=parseInt(document.kryptographie.public_key_e.value);
d=parseInt(document.kryptographie.privat_key_d.value);
n=parseInt(document.kryptographie.public_key_n.value);

//Überprüfung auf ungerade Textlänge und Ergänzung mit 'x'
if(Math.ceil(text.length/2)!=text.length/2)
  text=text+'x';

//asc bestimmt Ausschnitt aus dem ASCII-Zeichensatz asc=35 => [035;135]
var m1,m2,m,c1,c2,c;
var asc=35;

//Schleife: je ein Block mit 2 Zeichen des Klartextes wird verschlüsselt
for(i = 0;i <= text.length/2-1;i++)
{
  //Umwandlung von ASCII (-96) bzw. Ersatzalphabet (Ausschnitt der ASCII-
Tabelle
  //mit 100 Positionen von asc bis asc+100) in Alphabetposition
  if(modus=="encrypt")
  {
   m1=text.charCodeAt(i*2)-96;
   m2=text.charCodeAt(i*2+1)-96;
  }
  else
  {
   m1=text.charCodeAt(i*2)-asc;
   m2=text.charCodeAt(i*2+1)-asc;
  }

  //vor Chiffrierung werden Leerzeichen und sonstige Zeichen
  //je auf ein einziges gesetzt
  if(modus=="encrypt")
  {
   if((m1<=0)||(m1>26))
    m1=0;
   if((m2<=0)||(m2>26))
    m2-0,
  }
  //Blockchiffrierung: Blöcke zu je 2 Klar- bzw. Geheimtextzeichen
  m=m1*100+m2;

  //Chiffrierung: abwechselnd schrittweise Potenzierung und Modulofunktion
  //um große Zahlen zu vermeiden, die JavaScript nicht verarbeiten kann
  c=m;
  if(modus=="encrypt")
   for(t = 1;t < e;t++)
    c=(c*m)%n;
  else
   for(t = 1;t < d;t++)
    c=(c*m)%n;

  // (* schrittweise Ausgabe der Blöcke in Ziffernform im jeweiligen Feld
  if(modus=="encrypt")
  {
   document.daten.ciphernumber.value += c + ' ';
   document.daten.plainnumber.value += m + ' ';
  }
  else
  {
   document.daten.ciphernumber.value += m + ' ';
```

```
  document.daten.plainnumber.value += c + ' ';
 }
 // *)

 //Blöcke werden zerlegt: Math.floor(z) rundet die Zahl z immer ab
 // c1=1534/100=15 c2=1534-(15*100)=34
 c1=(Math.floor(c/100));
 c2=(c-(Math.floor(c/100))*100);

 //falsche Geheimtextzeichen werden durch deutliche Platzhalter ersetzt ($
und #)
 //danach Umwandlung in ASCII-Codes (normal oder Ersatzalphabet)
 if(modus=="decrypt")
 {
  if((c1<0)||(c1>26))
   c1=c1%26;
  if((c2<0)||(c2>26))
   c2=c2%26;
  c1+=96;
  c2+=96;
 }
 else
 {
  c1+=asc;
  c2+=asc;
 }

 //schrittweise Ausgabe von je 2 Klar- bzw. Geheimtextzeichen c1 und c2
 if(modus=="encrypt")
  document.daten.ciphertext.value +=
String.fromCharCode(c1)+String.fromCharCode(c2);
  else
  document.daten.plaintext.value +=
String.fromCharCode(c1)+String.fromCharCode(c2);
 }
}

// - - - Schlüsselerzeugung - - -
function createkey()
{
 //falls p und q vorgegeben sind, werden sie übernommen
 p=parseInt(document.kryptographie.key_p.value);
 q=parseInt(document.kryptographie.key_q.value);

 //p und q werden mit Primzahlen belegt, falls
 //n zu klein bzw. zu groß ist oder ein Faktor ungültig ist
 n=p*q;
 while(((n<=2626)||(n>=10000))||(isNaN(p)==true)||(isNaN(q)==true))
 {
  var prim=false;
  while(prim == false)
  {
   p = 2*Math.round(Math.random()*50)+1;
   document.kryptographie.key_p.value = p;
   prim = teste_primzahl(p);
  }
  var prim=false;
  while(prim == false)
  {
   q = Math.round(Math.random()*50)+1;
   document.kryptographie.key_q.value = q;
   prim = teste_primzahl(q);
  }
  n=p*q;
  document.kryptographie.key_n.value=n;
```

```
}

//eulersche Zahl f wird berechnet und ausgegeben
f=(p-1)*(q-1);
document.kryptographie.key_f.value = f;

//neue Variablen timer, e und g werden deklariert
var timer=0;
var e,g;

//Schleife: eine zu f teilerfremde Zahl e wird bestimmt
//eine Endlosschleife wird mit timer verhindert
while((g!=1)&&(timer<1000))
{
 e=Math.round(Math.random()*100);
 g=ggT(e,f);
 timer++;
}
if(timer>=1000)
 e='nicht gefunden';
//e wird ausgegeben
document.kryptographie.key_e.value = e;

//g wird auf 2 gesetzt, damit die folgende Schleife ausgeführt wird
var d=2;
g=2;

// (d*e) mod f=1 wird erfüllt durch ein kleinstes d
while((g!=1)&&(d<=10000))
{
 d++;
 g=(d*e)%f;
 document.kryptographie.key_d.value = d;
}
if(d>=10000)
 d='nicht gefunden';
 document.kryptographie.key_d.value = d;

}

//Schlüsselpaar wird in obige Felder geschrieben
function daten_fuellen()
{
 docu-
ment.kryptographie.public_key_e.value=document.kryptographie.key_e.value;
 docu-
ment.kryptographie.privat_key_d.value=document.kryptographie.key_d.value;
 docu-
ment.kryptographie.public_key_n.value=document.kryptographie.key_n.value;
}

function de_rsa()
{
 //gegebenes Produkt n wird übernommen
 var n=parseInt(document.kryptoanalyse.key_n.value);
 var grenzwert=Math.ceil(n/2)
 //Textfeld 'plaintext2' wird gelöscht
 document.kryptoanalyse.plaintext2.value='';

 for(p=3;p<=grenzwert;p++)
 {
 //das Feld 'countdown' zählt die noch zu testenden Faktoren von n
 document.kryptoanalyse.countdown.value=(grenzwert-p);

 q=n/p;
```

```
{
//Bedingung: testet p und q nur auf Primzahlen, falls
//Faktorzerlegung ganzzahlig möglich ist
//Math.ceil(z) liefert die nächsthöhere Ganzzahl von z
if(Math.ceil(q)==q)
{
  //Ausgabe der Faktoren im Textfeld 'key_p_q'
  document.kryptoanalyse.plaintext2.value += 'p='+p+' -> q='+q+'\t';

  //Primzahltest
  document.kryptoanalyse.plaintext2.value += ' Primzahltest: ';
  if(teste_primzahl(p)==true)
    document.kryptoanalyse.plaintext2.value += 'p ist prim ';
  if(teste_primzahl(q)==true)
    document.kryptoanalyse.plaintext2.value += 'q ist prim';


  //Zeilenwechsel im Textfeld 'key_p_q'
  document.kryptoanalyse.plaintext2.value += '\n';
  }
 }
 }
}
//--></script>
<!-- JavaScript-Ende -->

</head>

<!-- Hauptteil der Seite -->
<body>
<h1 align="center">RSA (Rivest, Shamir, Adleman)</h1>

<div align="left">
 <u>Kryptographie</u>
</div>

<!-- Formular 'daten' wird geöffnet -->
<form name="daten">
    <!-- Texteingabefelder 'plaintext' und 'plainnumber' -->
    <div align="center">
     Klartext (plaintext)
     <input type="text" name="plaintext" value="beispiel" size="50">
     <!-- blinkende Warnung -->
     <blink>(nur Kleinbuchstaben!)</blink><br>
     Klartext (plaintext) in Zahlen
     <input type="text" name="plainnumber" size="80">
    </div>

    <!-- Texteingabefelder 'ciphertext' und 'ciphernumber' -->
    <div align="center">
     Geheimtext (ciphertext)
     <input type="text" name="ciphertext" size="50"><br>
     Geheimtext (ciphertext) in Zahlen
     <input type="text" name="ciphernumber" size="80">
    </div><br>

    <!-- Auswahlfeld 'modus' -->
    <div align="center">
     <select name="modus" size="2">
      <option selected value="encrypt">Verschlüsseln
      <option value="decrypt">Entschlüsseln
     </select>
     <!-- Button setzt alle Elemente dieses Formulars auf Ausgangsstellung -
->
     <input type="Reset" value="Zurücksetzen">
```

```
      </div>

<!-- Ende des Formulars 'daten' -->
</form>

<hr width=50%>

<!-- Formular 'kryptographie' wird geöffnet -->
<form name="kryptographie">
 <blockquote>
  <div align="left">
   <input type="button" value="RSA-Chiffrierung" onclick="rsa()">
   <input type="button" value="von unten übernehmen" on-
click="daten_fuellen()"><br>
   öffentlicher Schlüssel (public key) e=
   <input type="text" name="public_key_e" size="10">
    n=
   <input type="text" name="public_key_n" size="10"><br>
   privater Schlüssel (privat key) d=
   <input type="Text" name="privat_key_d" size="10">
  </div>
 </blockquote>

 <blockquote>
  <div align="left">
   <input type="button" value="Schlüsselerzeugung" onclick="createkey()">
   <input type="Reset" value="-- Neu --"><br>
   2 Primzahlen: p=
   <input type="Text" name="key_p" size="20">
    q=
   <input type="Text" name="key_q" size="20"><br>
   Eulersche Zahl: f=
   <input type="Text" name="key_f" size="10"><br>
   öffentlicher Schlüssel: e=
   <input type="Text" name="key_e" size="10">
    n=
   <input type="Text" name="key_n" size="10"><br>
   privater Schlüssel: d=
   <input type="Text" name="key_d" size="10">
    (und n)<br>
  </div>
 </blockquote>
</form>
<!-- Formular 'kryptographie' wird geschlossen -->

<hr>

<div align="left">
 <u>Kryptoanalyse</u>
</div>

<!-- Formular 'kryptoanalyse' wird geöffnet -->
<form name="kryptoanalyse">
 <blockquote>
  <div align="left">
   <input type="button" name="" value="RSA (Faktorisierung)" on-
click="de_rsa()">
    n=
   <input type="Text" name="key_n" value="" size="10"><br>
   noch zu testende Zahlen:
   <input type="Text" name="countdown" value="" size="10">
  </div>
  <div align="center">
   Kryptoanalyse ergab:<br>
   <textarea name="plaintext2" cols="60" rows="10"></textarea><br>
```

```
   </div>
 </blockquote>
<!-- Formular 'kryptoanalyse' wird geschlossen -->
</form>

</body>
</html>
```